BEI GRIN MACHT SICH IHR WISSEN BEZAHLT

AF131243

- Wir veröffentlichen Ihre Hausarbeit, Bachelor- und Masterarbeit

- Ihr eigenes eBook und Buch - weltweit in allen wichtigen Shops

- Verdienen Sie an jedem Verkauf

Jetzt bei www.GRIN.com hochladen und kostenlos publizieren

GRIN

Bibliografische Information der Deutschen Nationalbibliothek:

Die Deutsche Bibliothek verzeichnet diese Publikation in der Deutschen National-
bibliografie; detaillierte bibliografische Daten sind im Internet über http://dnb.d-
nb.de/ abrufbar.

Impressum:

Copyright © 2014 GRIN Verlag, Open Publishing GmbH
Druck und Bindung: Books on Demand GmbH, Norderstedt Germany
ISBN: 978-3-668-10147-0

Dieses Buch bei GRIN:

http://www.grin.com/de/e-book/311349/wasserstoff-und-biotreibstoffe-als-alterna-
tive-zu-benzin

Sebastian Gaus

Wasserstoff und Biotreibstoffe als Alternative zu Benzin

Vergleich und Bewertung

GRIN Verlag

GRIN - Your knowledge has value

Der GRIN Verlag publiziert seit 1998 wissenschaftliche Arbeiten von Studenten, Hochschullehrern und anderen Akademikern als eBook und gedrucktes Buch. Die Verlagswebsite www.grin.com ist die ideale Plattform zur Veröffentlichung von Hausarbeiten, Abschlussarbeiten, wissenschaftlichen Aufsätzen, Dissertationen und Fachbüchern.

Besuchen Sie uns im Internet:

http://www.grin.com/

http://www.facebook.com/grincom

http://www.twitter.com/grin_com

Inhaltsverzeichnis

1 Einleitung

Auf den folgenden Seiten meiner Facharbeit werde ich mich mit alternativen Antriebsmitteln zu Benzin anhand von Wasserstoff und Biotreibstoff beschäftigen. Ich habe mich für dieses Thema entschieden, da ich vor Kurzem selbst meinen Führerschein erworben habe und somit jetzt aktiv am Verkehrsgeschehen teilnehmen kann und werde. Außerdem interessiere ich mich für die globalen Klimageschehnisse rund um den Treibhauseffekt und habe bereits in der Grundschule ein Referat über den Klimawandel gehalten. Ich werde zuerst auf Benzin als Kraftstoff eingehen und dabei die Herstellung erläutern, den Energiegehalt berechnen und mich mit den ökologischen Aspekten beschäftigen. Daraufhin werde ich die gleichen Aspekte auf Biotreibstoff anhand von Bioethanol und auf Wasserstoff anwenden. Aber zuerst möchte ich eine Einführung in die Klimaproblematik liefern: Mit dem Bevölkerungswachstum, der Industrialisierung und der Globalisierung steigt auch der weltweite Energiebedarf und somit auch die Abhängigkeit der Industriestaaten von den großen Ölexporteuren wie Saudi-Arabien, Kanada, Iran und Irak. Ein Grund für die Entwicklung alternativer Energien ist also das Streben der Industrienationen nach Unabhängigkeit. Wenn man außerdem noch in Betracht zieht, dass weltweit lediglich 10 % der Energie tatsächlich genutzt wird und der Rest verschwendet wird, zeigt sich die Notwendigkeit von neuen Energieformen zur Förderung der Effizienz. Hierzu lässt sich anmerken, dass es zwei Möglichkeiten zur Steigerung der Effizienz beziehungsweise der Nachhaltigkeit im Verkehrssektor gibt. Zum einen ließen sich die bereits vorhandenen Techniken optimieren, um den Wirkungsgrad zu steigern und die Emissionen zu senken, wobei sich allerdings als Problem erweist, dass die Entwicklungspotenziale so gut wie erreicht sind. Hieraus ergibt sich die zweite Möglichkeit der Entwicklung neuer Antriebstechniken, von denen meine Facharbeit handelt. Additiv muss man noch ein Hauptaugenmerk auf den globalen Klimawandel legen, da der Verkehrssektor für ein Drittel der weltweiten Kohlenstoffdioxidausstöße verantwortlich ist. So tagten 1992 zum ersten Mal 10000 Delegierte aus 178 Ländern bei einem Klimagipfel in Rio de Janeiro um Maßnahmen zum Schutz des Klimas zu treffen. Allerdings wurden verbindliche

Auflagen erst im Kyoto-Protokoll[1] von 1997 beschlossen, das 2005 in Kraft trat. So wurde beschlossen, dass die Industrienationen den Ausstoß der relevantesten Treibhausgase[2] von 2008 bis 2012 um fünf Prozent unter das Niveau von 1990 senken. Es folgten zahlreiche Richtlinien, die den Schadstoffausstoß begrenzten und eine Förderung alternativer Energien und Antriebsstoffe beschlossen.

2 Benzin

Im Jahr 2013 betrug der Anteil der mit Benzin betriebenen PKW im Straßenverkehr 68 %, das heißt, dass Benzin mit Abstand, vor Diesel mit 30 %, der meistgenutzte Kraftstoff auf deutschen Straßen ist.

2.1 Herstellung

Motorenbenzin besteht aus vielen verschiedenen Bestandteilen wie Alkanen, Alkenen, Cycloalkanen und aromatischen Kohlenwasserstoffen sowie Ethern und Alkoholen. Gewonnen wird das Benzin aus Erdöl und wird dazu in vielen Schritten von Raffinerien aufgearbeitet. Im ersten Schritt muss das von Salzen gereinigte Erdöl, das Rohöl, destilliert werden. Hierbei wird das Rohöl in einem bis zu 50 Meter hohen Turm, der oben am heißesten und unten am kältesten ist, erhitzt. So setzen sich die leichten Kohlenwasserstoffe oben und die schweren unten ab. Beim Cracken, dieser Schritt heißt auch Konversion, werden die schweren, komplexen und somit für Benzin ungeeigneten Kohlenwasserstoffe in kleinere und somit leichtere Kohlenwasserstoffe aufgespalten. Im nächsten Schritt muss der im Rohöl enthaltene Schwefel entfernt werden, da sonst bei der Verbrennung schädliche Schwefeloxide entstehen würden. Dazu spaltet man gezielt den Schwefel ab und lässt diesen mit Wasserstoff reagieren. Diese Verbindung kann dann abgeleitet und zu reinem Schwefel weiterverarbeitet werden. Anschließend muss das Rohöl noch in zahlreichen Schritten veredelt werden, damit es die gewünschte Klopffestigkeit aufweist, die maßgeblich für die Qualität eines Kraftstoffes steht (vgl. Shell). Die Klopffestigkeit wird angegeben in

---

[1] Protokoll von Kyoto zum Rahmenübereinkommen der Vereinten Nationen über Klimaänderungen: http://www.bmub.bund.de/fileadmin/bmu-import/files/pdfs/allgemein/application/pdf/protodt.pdf

[2] Kohlendioxid (CO_2), Methan (CH_4), Distickstoffoxid (N_2O), teilhalogenierte Fluorkohlenwasserstoffe (H-FKW, engl.: HFC), perfluorierte Kohlenwasserstoffe (FKW, engl.: PFC) und Schwefelhexafluorid (SF_6)

der Oktanzahl (ROZ) und liegt bei Benzin bei 91 ROZ. Sie beschreibt die Verbrennungsqualität sowie die Fähigkeit, harten Motorbetriebsbedingungen standzuhalten. Je höher die Oktanzahl ist, desto geringer ist also die Neigung des Kraftstoffes sich selbst zu entzünden. Durch eine hohe Klopffestigkeit steigen folglich die Leistung sowie der Wirkungsgrad des Antriebsstoffes (vgl. Paschotta).

2.2 Verbrennungsmotor

In einem Verbrennungsmotor wird die Energie des Kraftstoffes (siehe Kapitel 2.3) in der Brennkammer des Hubkolbenmotors freigesetzt. Dabei entsteht Wärmeenergie, die eine Volumenänderung des Kraftstoff-Luft-Gemisches bewirkt. Diese Volumenvergrößerung führt zur Erzeugung von Bewegungsenergie, die einen Kolben in Bewegung setzt, der für den Antrieb im Auto sorgt (vgl. Geitmann 2008, S.154f.).

2.3 Der Heizwert

Maßgeblich für die Qualität eines Kraftstoffes steht natürlich die Energie, die bei dessen Verbrennung freigesetzt wird. Im Folgenden werde ich die Verbrennungsenthalpie und daraus den Heizwert von Benzin anhand von Oktan berechnen. Dabei ist anzumerken, dass die Verbrennungsenthalpie das Optimum an genutzter Energie darstellt, das heißt, dass Energieverluste bei der Produktion oder Verluste aufgrund des Wirkungsgrades nicht einberechnet sind. Die Reaktionsgleichung der Verbrennung von Oktan lautet:

$$C_8H_{18} \text{ (l)} + 12{,}5 \; O_2 \text{ (g)} \rightarrow 8 \; CO_2 \text{ (g)} + 9 \; H_2O \text{ (g)}$$

Daraus lässt sich nun die Reaktionsenthalpie berechnen, indem man die Summe der Standardbildungsenthalpien der Edukte von der Summe der Standardbildungsenthalpien der Produkte abzieht (Elemente wie Sauerstoff werden hierbei nicht berücksichtigt):

$$\Delta_r H^\circ_m = \Sigma \, \Delta_f H^\circ_m(\text{Produkte}) - \Sigma \, \Delta_f H^\circ_m(\text{Edukte})$$

$$= 8*(_fH^\circ_m(CO_2)) + 9*(_fH^\circ_m(H_2O(g))) - _fH^\circ_m(C_8H_{18})$$

$$= 8*(-393 \text{ kJ/mol}) + 9*(-242 \text{ kJ/mol}) - (-250 \text{ kJ/mol})$$

$$= -5072 \text{ kJ/mol}$$

Die Reaktionsenthalpie der Verbrennungsreaktion nennt man auch Verbrennungsenthalpie $\Delta_v H°_m$. Da eine Energie, die in mol angegeben ist, in der Praxis schwer Anwendung findet, errechnet man den Heizwert, indem man den Betrag der Verbrennungsenthalpie durch die molare Masse des Stoffes teilt:

$$M(C_8H_{18}) = 114,224 \text{ g/mol}$$

$$H_i = (5072 \text{ kJ/mol}) / (114,224 \text{ g/mol}) = 44,4 \text{ kJ/g}$$

Da für eine Tankfüllung nicht das Gewicht sondern das Volumen entscheidend ist, rechnet man diesen Wert noch mit Hilfe der Dichte des Oktans ($p = 0,698$ g/cm^3) um:

$$44,4 \text{ kJ/g} * 0,698 \text{ g/cm}^3 = 31 \text{ kJ/cm}^3 = 31 \text{ MJ/l}$$

Der Heizwert von Oktan, also die Energie, die bei der Verbrennung frei wird, beträgt also 31 MJ/l.

2.4 Ökologische Bilanz

Es ist unumstritten, dass die ökologische Bilanz des Benzins äußerst schlecht ist, weshalb ein zeitnaher Wechsel zu alternativen Kraftstoffen angestrebt wird. Es beginnt schon bei der Herstellung, die auf fossile Energiereserven wie Erdöl zurückgreift. Obwohl sich die Methoden zur Förderung von Erdöl in den letzten Jahrzehnten stetig verbessert haben, sodass Öl in bis zu 3000 Metern Tiefe gewonnen werden kann und eine Ausnutzung von bis zu 70 % der Lagerstätten erreicht wird, handelt es sich bei den Erdölressourcen der Erde um versiegende Quellen (vgl. Geitmann 2008, S.35). Es ist unklar, wann die Erdölressourcen tatsächlich aufgebraucht sind, da unter der Erde eventuell noch unentdeckte Vorkommen lagern. So ist auch der Erdölpreis drastisch angestiegen, was eine Verteuerung des Benzinpreises zu Folge hatte. 1972 lag der Preis für Superbenzin noch bei im Schnitt 35,3 Cent pro Liter und stieg zu Hochzeiten im Jahr 2012 auf das mehr als 4,5-fache, also 164,5 Cent pro Liter, an (statista 2014). Bei der Herstellung des Kraftstoffes aus Erdöl werden große Mengen des für die Atmosphäre schädlichen Kohlenstoffdioxids freigesetzt. Auch bei der Anwendung von Benzin im Verbrennungsmotor gibt es eklatante Probleme. Wie in der Reaktionsgleichung in Kapitel 2.3 zu erkennen, entsteht auch hier das

Treibhausgas Kohlenstoffdioxid. Wenn allerdings ein Sauerstoffmangel besteht, dann kann es unter anderem sogar zur Bildung von Kohlenstoffmonoxid oder gar elementarem Kohlenstoff (Ruß) kommen. Außerdem entstehen bei der Verbrennung des Benzins im Motor Stickoxide (NO_x), weil aufgrund der Hitze und des hohen Drucks der Sauerstoff mit dem Stickstoff aus der Luft reagiert. Zudem liegt der Wirkungsgrad von Verbrennungsmotoren bei lediglich 25 bis max. 37 %, da die chemische Energie des Benzins über mehrere Zwischenstufen umgewandelt werden muss und ein Großteil als Wärmeenergie verloren geht. Zur genaueren Aufschlüsselung der verschwendeten Energie befindet sich ein Schaubild 2.4.1 im Anhang.

3 Biotreibstoffe

Unter Biotreibstoffen versteht man flüssige oder auch gasförmige Antriebsstoffe, die aus Biomasse gewonnen werden, was bedeutet, dass bei der Produktion ausschließlich auf erneuerbare und biologische Quellen zugegriffen wird, wie zum Beispiel nachwachsende Pflanzen. Dabei lassen sie sich in drei Generationen unterteilen. Die erste Generation basiert auf zucker-, stärke- oder ölhaltigen Nahrungspflanzen und wird zum Beispiel für die Produktion von Pflanzenöl-Kraftstoff, Biodiesel oder Bioethanol verwendet. In Kapitel 3.1 werde ich auf den eben genannten Bioethanol eingehen, da dieser die direkte Alternative zu Benzin darstellt und bereits in Benzingemischen verwendet wird. Für Biotreibstoffe der zweiten Generation werden hingegen Pflanzen genutzt, die nicht als Nahrungsmittel für den Menschen geeignet sind, wie Energiemais, Gülle, Holz oder Stroh. So werden daraus Biomethan, BtL-Kraftstoffe[3] oder auch Biomethanol produziert. Das Augenmerk bei Biotreibstoffen der dritten Generation, die hauptsächlich aus Algen produziert werden würden, liegt darauf, den Ausgangsstoff unter anderem durch Genmanipulation zu verbessern. Diese Überlegungen von Treibstoffen der dritten Generation sind allerdings noch Utopie. Noch theoretischer ist die hypothetische Möglichkeit von Treibstoffen der vierten Generation aus Rohstoffen und Mikroben, die ausschließlich auf die Treibstoffproduktion ausgelegt sind (vgl. Smith 2010, S. 25f.). Das große Ziel, die

---

[3] BtL-Kraftstoffe (Biomass to Liquid-Kraftstoffe) sind synthetische Kraftstoffe aus verflüssigter Biomasse.

Nachhaltigkeit dieser Biotreibstoffe ist allerdings höchst umstritten, aber dazu später mehr.

3.1 Bioethanol

Bei Bioethanol handelt es sich chemisch gesehen um den gleichen Stoff wie bei Ethanol aus fossilen Quellen. Die Summenformel lautet ebenso C_2H_5OH.

3.1.1 Herstellung

Für die Herstellung von Bioethanol werden zucker-, stärke- oder zellulosehaltige Pflanzen benötigt, das heißt, dass es sich um einen Biotreibstoff der ersten Generation handelt. Vor allem die Produktion in Brasilien, die im Jahr 2008 eine Fläche von fast acht Millionen Hektar umfasste, sorgt dafür, dass 65 % der Gesamtproduktion an Bioethanol auf Zuckerrohr zurückzuführen sind. So war Brasiliens Wirtschaft 2008 mit 47 % der Weltproduktion Marktführer in der Herstellung von Bioethanol vor den USA (40 %), die Bioethanol hauptsächlich aus Mais herstellen. Weitere große Produzenten sind China, Spanien und Indien. Zuckerrüben, Kartoffeln oder Getreide eignen sich ebenso zur Produktion von Bioethanol (vgl. Geitmann 2008, S. 84f.), wie auch zellulosehaltige[4] Pflanzen wie Holz oder Stroh. Zur Herstellung des Ethanols wird der Ausgangsstoff zuerst zerkleinert und anschließend wird der Zucker aus der zuckerhaltigen Pflanze durch Auswaschen herausgetrennt. Bei stärke- und zellulosehaltigen Pflanzen müssen die Kohlenhydrate zuerst durch Verflüssigungs- und Verzuckerungsenzyme zu einer Glukoselösung umgewandelt werden. Problematisch bei zellulosehaltigen Pflanzen ist jedoch im Moment noch, dass die Umwandlung in Bioethanol noch zu energieaufwendig ist und zu kostspielige Enzyme erfordert, was im Endeffekt eine Unwirtschaftlichkeit darstellt. Dem so gewonnenen Zucker werden nun Enzyme von Hefen oder anderen Mikroorganismen beigefügt, die zur Fermentation[5] des Zuckers zu Ethanol und Kohlendioxid führen:

$$C_6H_{12}O_6 \, (s) \rightarrow 2 \, C_2H_5OH \, (l) + 2 \, CO_2 \, (g)$$

---

[4] Zellulose ist der Stoff, der sich im holzigen Teil einer Pflanze befindet. Durch Verwendung zellulosehaltiger Pflanzen wäre es folglich möglich, die gesamte Pflanze und nicht nur die zucker- oder stärkehaltigen Teile zu verwenden, was eine erhebliche Effektivitätssteigerung bedeutet.
[5] Alkoholische Gärung

Damit sich Benzin und Ethanol dauerhaft mischen können, muss bei der Herstellung des Ethanols eine Reinheit von 99,5 bis 99,9 % erreicht werden, die durch mehrmaliges Destillieren erzielt wird (vgl. Bundesverband der deutschen Bioethanolwirtschaft e.V.).

3.1.2 Nutzung und technische Aspekte

Seit dem 1. Januar 2006 enthält jede Benzinsorte einen Bioethanolanteil von 5 %. Seit dem 1. Januar 2011 wird an Tankstellen in Deutschland das Bioethanolgemisch E10 angeboten. E10 bedeutet, dass in diesem Kraftstoff ein Anteil von 10 % Bioethanol zu den 90 % Benzin hinzugefügt ist. 93 % aller benzinbetriebenen PKW und 99 % aller in Deutschland gefertigten Benzinmotoren sind ohne Umrüstmaßnahmen in der Lage E10 schadenfrei zu tanken. Trotzdem war die Haltung der Bevölkerung gegenüber des Biotreibstoffes kritisch, was vor allem an Zweifeln an der Verträglichkeit lag (siehe auch Abbildung 3.1.2.1 im Anhang). Am Ende des Jahres 2011 lag der Marktanteil lediglich bei 11 % und stieg bis zum Ende des Jahres 2013 nur unmerklich auf 14 %. Man kann also eine gewisse Steigerung erkennen und dass die Zweifel am neuen Biotreibstoff sich langsam legen, aber die Durchsetzung von Bioethanolgemischen wie E10 als Standardantriebsstoff noch weit entfernt ist (vgl. Keil 2012, S. 32ff.). Ebenso gibt es Benzin-Ethanol-Mischungen mit den Bezeichnungen E15, E25, E50, E85 und E100, für die allerdings Umrüstungen am Motor nötig sind, damit dieser den Treibstoff verarbeiten kann. Dies liegt daran, dass reines Ethanol mit den Bauteilen aus Gummi und Kunststoffen reagiert und diese auflöst. Kraftwagen, die mit reinem Benzin und auch speziell mit dem gängigen E85 betrieben werden können, nennt man Flexible Fuel Vehicles (FFV). Sie sind insbesondere in Schweden und Brasilien die gängige Fahrzeugart, da dort der Marktanteil für Bioethanol wie E85 deutlich höher liegt als hier in Deutschland (vgl. Geitmann 2008, S. 85ff.). Reines Ethanol verfügt über eine sehr hohe Oktanzahl, weshalb die Klopffestigkeit in Bioethanolgemischen wie E85 auf 110 ROZ ansteigt, sodass die Leistung prinzipiell höher ist und Wirkungsgradgewinne von bis zu 20 % gegenüber Benzin mit 91 ROZ möglich sind.

Nun werde ich auf die Berechnung der Energie eingehen, die bei der Verbrennung von Ethanol frei wird. Hierzu habe ich zuerst die Reaktionsgleichung aufgestellt:

$$C_2H_5OH \ (l) + 3 \ O_2 \ (g) \rightarrow 2 \ CO_2 \ (g) + 3 \ H_2O \ (g)$$

Anschließend wende ich die gleichen Rechenschritte wie bei der Berechnung des Heizwertes des Benzins (Kapitel 2.3) an. So ergibt sich hier:

$$\Delta \ _rH°_m = \Sigma \ \Delta \ _fH°_m(Produkte) - \Sigma \ \Delta \ _fH°_m(Edukte)$$

$$= 2*(_fH°_m(CO_2)) + 3*(_fH°_m(H_2O(g))) - _fH°_m(C_2H_5OH)$$

$$= 2*(-393 \ kJ/mol) + 3*(-242 \ kJ/mol) - (-277 \ kJ/mol)$$

$$= -1235 \ kJ/mol$$

Und weiter:

$$M \ (C_2H_5OH) = 46 \ g/mol$$

$$H_i = (1235 \ kJ/mol) \ / \ (46 \ g/mol) = 26,85 \ kJ/g$$

Und zum Schluss:

$$26,85 \ kJ/g * 0,785 \ g/cm^3 = 21,077 \ kJ/cm^3 = 21,077 \ MJ/l$$

Der Heizwert von Ethanol, also die Energie, die bei der Verbrennung frei wird, beträgt 21,077 MJ/l. Somit muss man den Leistungsgewinn durch die höhere Oktanzahl aufgrund der Tatsache des Mehrverbrauchs von 30 % gegenüber Superbenzin etwas relativieren, da Ethanol nur über etwa zwei Drittel des Energiegehalts von Benzin verfügt.

3.1.4 Ökologische Bilanz

Erklärtes Ziel der „Erneuerbare-Energien-Richtlinie" aus dem Jahr 2009 ist, bis 2020 10 % erneuerbare Kraftstoffe im Verkehrssektor, die eine Minderung von 35 % der Treibhausgasemissionen (bis 2017: 50 % und bis 2018: 60 %) bewirken, zu etablieren. Die Idee hinter den Biotreibstoffen bezüglich der Treibhausgasemissionen ist es, nur so viel Kohlenstoffdioxid bei der Verbrennung freizusetzen wie die Pflanze, aus der der Kraftstoff produziert wurde, vorher durch die Fotosynthese aufgenommen hat (Bioenergiekreislauf im Vergleich zum fossilen Energie-System als Abbildung 3.1.3.1 im Anhang). Die Kohlendioxidbilanz wäre somit neutral. Man spricht von einer Einsparung von bis zu 70 % an Treibhausgasemissionen gegenüber herkömmlichem Benzin (vgl. Jungmeier 2012, S. 19ff.), wobei die Emissionen, die bei der Herstellungskette anfallen, nicht mit eingerechnet sind. Genau dies ist der Hauptkritikpunkt von den mittlerweile zahlreichen Bioethanolgegnern. Ein großer, in vielen Bilanzen nicht einbezogener Aspekt ist, dass zum Anbau von Pflanzen für die Herstellung von Biotreibstoffen große Flächen, wie zum Beispiel der Regenwald in Brasilien oder Südost-Asien, gerodet werden. Von der Pflanzen- und Tiervielfalt im Lebensraum Regenwald mal ganz abgesehen, dient der Regenwald als riesiger Kohlenstoffspeicher. Durch Brandrodungen wird das gesamte dort vorher in den Pflanzen gespeicherte Kohlenstoffdioxid freigesetzt. Diese Tatsache lässt sich allerdings nicht nur auf den Regenwald beschränken, denn gleiches gilt für die Rodung aller Flächen sowie die Trockenlegung von Mooren, wodurch hunderte Tonnen Kohlenstoff pro Hektar freigesetzt werden. In Ökobilanzen, die die Biotreibstoffe positiv darstellen sollen, wird diese Tatsache schlichtweg ausgelassen oder es wird behauptet, dass lediglich Brachland zum Anbau genutzt wird, was sich an den Beispielen von Brasilien und Südost-Asien allerdings direkt widerlegen lässt (vgl. Smith 2010, S. 54f.). Die Erschließung neuer Flächen führt nicht nur zur Zerstörung großer Naturgebiete, sondern auch zur Förderung von Monokulturen und zur Verdrängung indigener Bevölkerung, da sich durch den Anbau von Pflanzen für Biotreibstoffe große Gewinne versprochen werden. Insbesondere in Ländern der Dritten Welt, aber auch in Brasilien, sind im landwirtschaftlichen Bereich sklavenähnliche Arbeitsbedingungen und Kinderarbeit immer noch gängige Praxis (vgl. Besenböck 2008, S.79). Ebenso wird der massive Einsatz von Düngemitteln kritisiert, der sich schädlich auf das gesamte Ökosystem auswirkt. Hauptkritikpunkt ist allerdings die Konkurrenz zu Nahrungsmitteln und die damit verbundene Schuld an steigenden Lebensmittelpreisen und daraus folgenden Hungersnöten. So sei in den USA die Maisproduktion hauptsächlich zur Herstellung von Bioethanol verwendet worden, was einen Lieferengpass des Nahrungsmittels Mais bewirkte und so die Tortilla-Krise 2008 in Mexiko auslöste. Jean Ziegler, UN-Sonderberichterstatter für das Recht auf Nahrung, nannte Biotreibstoffe bereits 2007 „ein Verbrechen gegen die Menschheit", weil die

Nahrung, die fast einer Milliarde unterernährten Menschen helfen könnte, für den weiteren Aufschwung der Industrienationen verwendet wird (dazu Abbildung 3.1.3.2 im Anhang). Unklar bleibt allerdings, inwieweit sich die Biotreibstoffproduktion tatsächlich auf die weltweit steigenden Lebensmittelpreise auswirkt[6].

4 Wasserstoff

Wasserstoff birgt große Potenziale im Hinblick auf den Klimaschutz. In diesem Punkt sind sich alle Automobilhersteller und Klimaforscher einig, weshalb Wasserstoff die langfristige Alternative zu fossilen Brennstoffen darstellen soll. Bereits in den 1980er Jahren beschäftigten sich die ersten Automobilhersteller wie Daimler und später auch Toyota (1991), Nissan, Ford und General Motors mit der Entwicklung von Wasserstoffantrieben. Toyota hat nun für das Jahr 2015 die erste Serienproduktion eines Autos mit Wasserstoffantrieb angekündigt (vgl. Weißenborn 2013). Die Antriebstechnik mit Wasserstoff eröffnet mehrere Möglichkeiten zur Anwendung: Wasserstoff könnte im konventionellen Verbrennungsmotor genauso wie Benzin oder Diesel genutzt werden, wobei allerdings Änderungen am Motor vorgenommen werden müssen. Auf diese Art ließe sich ein Wirkungsgrad von 42 % realisieren. Eine andere Anwendungsmöglichkeit ist die Nutzung von Wasserstoff in Brennstoffzellen in Kombination mit einem Elektromotor. Auf diese Brennstoffzellentechnik möchte ich im folgenden Kapitel näher eingehen, nachdem ich mich mit der Produktion von Wasserstoff auseinandergesetzt habe.

4.1 Herstellung

In Deutschland werden jedes Jahr ca. 20 Milliarden Kubikmeter und weltweit in etwa 500 Milliarden Kubikmeter Wasserstoff hergestellt. Die Herstellung von Wasserstoff läuft letztendlich immer auf die Spaltung von Wassermolekülen in seine Einzelteile Wasserstoff und Sauerstoff hinaus.

---

[6] Mehr zur Nahrungsmittelkrise 2008 unter http://www.bpb.de/apuz/32206/macht-handel-hunger?p=all

4.1.1 Dampfreformierung

Derzeit wird Wasserstoff in großindustriellen Maßstäben hauptsächlich aus Erdgas, dessen Hauptbestandteile Methan (CH_4), Ethan (C_2H_6), Propan (C_3H_8), Butan (C_4H_{10}) und Ethen (C_2H_4) sind, gewonnen. Bei der Dampfreformierung, die die höchste Wasserstoffausbeute aller vergleichbaren Produktionsverfahren bietet, bindet der Kohlenstoff des Kohlenwasserstoffs das Sauerstoffatom des Wassermoleküls an sich, sodass Wasserstoff und Kohlenstoffmonoxid entstehen. Das Kohlenstoffmonoxid reagiert dann anschließend nochmals mit Wasser zu Kohlenstoffdioxid und weiterem Wasserstoff. Die Reaktionsprodukte müssen anschließend noch voneinander getrennt werden, da schon kleinste Mengen an Kohlenstoffmonoxid im Wasserstoff dessen Nutzung erheblich beeinträchtigen können. Die Reaktionsgleichungen sähen somit allgemein wie folgt aus (vgl. Messerer, Rössler 2005):

$$C_nH_m + n\ H_2O \rightarrow n\ CO + (n + \frac{m}{2})\ H_2$$

$$CO + H_2O \rightarrow CO_2 + H_2$$

4.1.2 Partielle Oxidation

Bei der partiellen Oxidation wird das Erdgas mit Sauerstoff versetzt, sodass Kohlenmonoxid und Wasserstoff entsteht. Anschließend muss der entstandene Wasserstoff gereinigt werden (vgl. Messerer, Rössler 2005):

$$C_nH_m + \frac{n}{2}\ O_2 \rightarrow n\ CO + \frac{m}{2}\ H_2$$

4.1.3 Elektrolyse

Die Elektrolyse wurde 1789 von Michael Faraday entwickelt und bedeutet die Spaltung von Wasser in Wasserstoff und Sauerstoff nur mit Hilfe von Strom. Für die Elektrolyse benötigt man ein Behältnis mit einem Elektrolyten[7] und zwei Elektroden (Kathode und Anode), die durch eine Trennwand, die lediglich Ionen durchlässt, voneinander getrennt sind. Als Elektrolyt dient bei der Wasserstoffherstellung in der Regel Kalilauge (KOH) mit einer Konzentration von 270 bis 300 Gramm pro Liter. Die Elektroden sind mit aufgerautem Eisen oder

---

[7] Als Elektrolyt bezeichnet man eine leitfähige aber gasundurchlässige Flüssigkeit, die den Elektronenaustausch ermöglicht, aber eine Vermischung der Produkte verhindert.

Platin beschichtet und an eine Gleichstromspannung von ca. 1,3 V angeschlossen. Durch Elektronenaustausch des Wassers mit den Elektroden ergeben sich folgende Teilreaktionen (vgl. Hoffmann 1994, S. 40 – 42):

Anode: $\quad 4\ H_2O + 4\ e^- \rightarrow 2\ H_2 + 4\ OH^-$

Kathode: $\quad 4\ OH^- \rightarrow 4\ e^- + 2\ H_2O + O_2$

Folglich lautet die Gesamtreaktion der Elektrolyse von Wasser:

$$2\ H_2O \rightarrow 2\ H_2 + O_2$$

4.2 Nutzung

4.2.1 Brennstoffzelle

Die Brennstoffzelle wurde im Jahr 1839 von Sir William Grove erfunden und ist vor allem in den letzten 20 Jahren aufgrund des Klimawandels wieder stärker ins Blickfeld der Forschung gerückt. Hierbei wird die in Wasserstoff gespeicherte chemische Energie auf direktem Wege in elektrischen Strom umgewandelt. Es gibt hierfür mehrere Arten von Brennstoffzellen wie die alkalische Brennstoffzelle (AFC), die Direktmethanol-Brennstoffzelle (DMFC), die Phosphorsäure-Brennstoffzelle (PAFC) und die Schmelzkarbonat-Brennstoffzelle (MCFC). In meinen Ausführungen werde ich mich auf die sogenannte PEM-Brennstoffzelle, auch Polymer-Elektrolyt-Membran-Brennstoffzelle (Proton-Exchange-Membrane-Brennstoffzelle), beschränken, da diese in der Automobilindustrie hauptsächlich Anwendung findet.

4.2.1.1 PEM-Brennstoffzelle

Bei dieser Art handelt es sich um eine Niedrig-Temperatur-Brennstoffzelle, was bedeutet, dass die Reaktionen bei weniger als 100 °C ablaufen können. Die Brennstoffzelle basiert auf dem Prinzip der Umkehrung der Elektrolyse (siehe Kapitel 4.1.3), das heißt, dass aus Wasserstoff und Sauerstoff Wasser und elektrischer Strom entstehen. Auch die Brennstoffzelle ist somit in einen Anoden- und einen Kathodenraum unterteilt. Die beiden Räume sind durch eine protonenleitfähige aber gasdichte Membran voneinander getrennt. Diese Membran ist ca. 0,1 mm dick und mit porösem Elektrodenmaterial wie Graphit-Papier und einem Katalysator wie zum Beispiel Platin beschichtet. An der Anode werden die Wasserstoffmoleküle in positiv-geladene Wasserstoff-Ionen, die die Membran durchfließen, und Elektronen aufgespalten, die in den angeschlossenen Stromkreis geleitet werden. An der Kathode reagieren zuerst die abgespaltenen Sauerstoffatome mit Elektronen aus dem angeschlossenen Stromkreis zu zweifach-negativ-geladenen Sauerstoffmolekülen. Diese Sauerstoff-Ionen reagieren dann mit den Wasserstoff-Ionen zu Wasserdampf. Die Reaktionsgleichungen sehen zusammengefasst wie folgt aus:

Anode: $\quad 2\,H_2 \rightarrow 4\,H^+ + 4\,e^-$

Kathode: $\quad O_2 + 4\,e^- + 4\,H^+ \rightarrow 2\,H_2O$

Daraus ergibt sich die Gesamtreaktion der Brennstoffzelle:

$$2\,H_2 + O_2 \rightarrow 2\,H_2O$$

Der bei dieser Reaktion entstandene Stromkreislauf versorgt so den Elektromotor des Kraftwagens (vgl. Chemie heute SII, S. 225).

4.3 Der Heizwert

Da es in der Brennstoffzelle zu einer sogenannten „kalten Verbrennung" kommt, lässt sich auch hier der Heizwert ausrechnen:

$$H_2\,(g) + \frac{1}{2}\,O_2\,(g) \rightarrow H_2O\,(g)$$

Nach dem Aufstellen der Reaktionsgleichung wende ich erneut die gleichen Schritte wie in Kapitel 2.3 und 3.1.3 an:

$$\Delta_r H^\circ_m = \Sigma\,\Delta_f H^\circ_m(\text{Produkte}) - \Sigma\,\Delta_f H^\circ_m(\text{Edukte})$$

$$= (_f H^\circ_m(H_2O(g))) = -242\ kJ/mol$$

Und somit:

$$M\,(H_2) = 2\ g/mol$$

$$H_l = (242\ kJ/mol)\,/\,(2\ g/mol) = 121\ kJ/g$$

Für die Lagerung des Wasserstoffs im Tank ergeben sich mehrere Möglichkeiten. Aus diesem Grund werde ich im folgenden Schritt auf verschiedene Dichteangaben Bezug nehmen.

Dichte des gasförmigen Wasserstoffs bei 298 K (p = 0,089 g/l = 0,000089 g/cm^3):

121 kJ/g * 0,000089 g/cm^3 = 0,01077 kJ/cm^3 = 0,01077 MJ/l

Bei gasförmigem Wasserstoff bei 20,3 K (p = 1,34 g/l = 0,00134 g/cm^3):

121 kJ/g * 0,00134 g/cm^3 = 0,16214 kJ/cm^3 = 0,16214 MJ/l

Bei flüssigem Wasserstoff bei 20,3 K (p = 70,79 g/l = 0,07079 g/cm^3):

121 kJ/g * 0,07079 g/cm^3 = 8,5656 kJ/cm^3 = 8,5656 MJ/l

All diese Angaben beziehen sich auf einen Normaldruck von 1013 hPa.

4.4 Ökologische Bilanz

Zunächst lässt sich an dieser Stelle anmerken, dass Wasserstoff im Großen und Ganzen ein für den Menschen ungefährlicher Stoff ist. So ist er ungiftig, nicht explosiv, nicht radioaktiv oder gar krebserregend. Allerdings ist auch hier, ebenso wie bei den Biotreibstoffen, die gesamte Produktions- bzw. Nutzungskette zu betrachten, um eine Einschätzung über die ökologische Bilanz abgeben zu können. So basiert die Herstellung von Wasserstoff momentan noch hauptsächlich auf fossilen Brennstoffen wie Erdgas. Hierbei entstehen zahlreiche gesundheits- und klimagefährdende Stoffe wie Kohlenstoffoxide. Die alternative Herstellung mit der Elektrolyse verursacht zwar keine Treibhausgase, allerdings ist diese sehr energieaufwendig. Um hier also eine Nachhaltigkeit zu gewährleisten, müsste der Strom aus erneuerbaren Energien wie Sonne, Wind oder Wasser gewonnen werden. In beiden Fällen muss der produzierte Wasserstoff noch in zahlreichen Schritten gereinigt werden, da vor allem die PEM-Brennstoffzelle sehr empfindlich auf das Katalysatorgift Kohlenstoffmonoxid reagiert. Bei der Nutzung von Wasserstoff im Verbrennungsmotor liegt der Wirkungsgrad bei bis zu 42 %. Des Weiteren entstehen so gut wie keine gefährlichen Stoffe, da in Wasserstoff gar keine Kohlenstoffatome oder Schwefelatome vorhanden sind, die Kohlenstoffdioxid, Kohlenstoffmonoxid oder Schwefeloxide bilden könnten. Lediglich können durch Reaktion mit der Luft Stickoxide entstehen. Zudem ist die Zündenergie von Wasserstoff mit 0, 017 mJ äußerst gering, sodass wenig Energie zur Verbrennung aufgewendet werden muss (vgl. Geitmann, S. 148ff.). Allerdings liegt die Energiedichte in flüssiger Form nur bei 8,5656 MJ/l. Als weiteres Problem stellen sich die Speicherung und der Transport von Wasserstoff dar. Eine Möglichkeit ist der Transport und die Speicherung in flüssigem Zustand bei niedrigsten Temperaturen von mindestens -250 °C. Ein Liter Benzin würde dabei etwa der vierfachen Volumenmenge an Wasserstoff entsprechen. Zur Kühlung des Wasserstoffs wird hierbei so viel Energie benötigt, dass sich diese Transportform als unrentabel erweist. Eine andere Möglichkeit wäre die Speicherung im Tank und der Transport in gasförmigem Zustand unter hohem Druck von mindestens 350 bar, wodurch der Energiegehalt des gekühlten Wasserstoffs auf 56,749 MJ/l und der des ungekühlten Wasserstoffs auf 3,7695 MJ/l ansteigt. Die Brennstoffzelle erreicht eine Energieumsetzung von bis zu 80 %, wobei man hier wieder Energieverluste durch Herstellung, Transport und Speicherung einberechnen muss, die sich auf bis zu 70 % belaufen. Auch der Preis erweist sich im Moment noch als Problem, da Wasserstoff je nach Herstellungsmethode deutlich höhere Kosten verursacht als Benzin. Laut Aussage des Automobilherstellers Toyota wird der erste serienreife Wasserstoffwagen 2015 lediglich zwischen 37 000 bis 74 000 Euro kosten.

5 Fazit

Nachdem ich Benzin als fossilen Brennstoff und zwei Alternativen für die Zukunft erläutert habe, möchte ich nun zu einer abschließenden Betrachtung gelangen. Die Unabdingbarkeit von alternativen Antriebsstoffen ist unumstritten. Allerdings stellt sich mir nach meiner Recherche die Frage, um welchen Preis deren Produktion vorangetrieben werden darf und ob die momentanen Maßnahmen wirklich nachhaltig sind. Aber zuerst möchte ich zu einer abschließenden Betrachtung über die Leistungsfähigkeiten der Benzinalternativen gelangen. Wie bereits die Heizwert-Berechnungen ergeben haben, liegt der Heizwert von Ethanol mit ungefähr 21 MJ/l fast um ein Drittel niedriger als der des Benzins mit 31 MJ/l. Um eine gleiche Energieausbeute zu erlangen, benötigt man also ca. 32 % mehr Kraftstoff. Da es sich bei den berechneten Heizwerten um die optimale Ausbeute an Energie ohne Abzug der ungenutzten Energie handelt, muss der Wirkungsgrad mit einbezogen werden. Beim herkömmlichen Verbrennungsmotor für Benzin liegt dieser bei lediglich 30 %, sodass aus einem Liter nur 9,3 MJ genutzt werden. Für Ethanol gilt im herkömmlichen Verbrennungsmotor der gleiche Wirkungsgrad.

Allerdings werden für Gemische wie E85 modifizierte Motoren benötigt, die Wirkungsgradgewinne von bis zu 20 % gegenüber den herkömmlichen Motoren versprechen, sodass die Energieausbeute unter Einberechnung des verbesserten Wirkungsgrades nicht bei 6,3 MJ/l sondern bei 7,56 MJ/l liegt. Letztendlich liegt der Mehrverbrauch an Ethanol also bei 20 %. Wenn man zum Beispiel 50 Liter Superbenzin zum Preis von 1,50 € kauft, bezahlt man für diese Tankfüllung 75 €. Eine Tankfüllung Ethanol, zum Beispiel E85, bei einem Preis von 1,10 € pro Liter, kostet somit unter Einbezug des Mehrverbrauchs von 20 % (also 60 l) 66 €, was eine Ersparnis von 12 % bedeutet. Mit Wasserstoff verhält sich die Sache etwas komplizierter, da man zwischen den verschiedenen Speicherungsarten differenzieren muss. So hat der flüssige Wasserstoff bei 20,3 K (-252,85 °C) und unter vierfachem Speicherdruck (4 bar) mit circa 34 MJ/l sogar einen höheren Heizwert als Benzin. Allerdings erfordert die Kühlung auf mehr als -250 °C einen so hohen Energieaufwand, von bis zu einem Drittel des Energiegehalts des Wasserstoffs, dass diese nicht mehr rentabel ist. Bei gasförmigem und ungekühltem Wasserstoff liegt der Heizwert des Benzins allerdings fast 3000mal höher (0,01077 MJ/l zu 31 MJ/l), sodass man, um den Energiegehalt von Benzin zu erreichen, fast 3000 l Wasserstoff benötigt. Dies geschieht mit der Lagerung im Tank unter hohem Druck von bis zu 1000 bar, sodass der Energiegehalt einer Tankfüllung sich auf 10,77 MJ/l und abzüglich des Wirkungsgrades von 80 % in der Brennstoffzelle auf 8,616 MJ/l beläuft. Bei einer Lagerung von gasförmigem Wasserstoff bei 1000 bar läge der Energiegehalt folglich nur in etwa 7,5 % unter dem des Benzins und 14 % über dem des Ethanols. Eine Speicherung des Gases unter solch hohem Druck ist allerdings bislang noch nicht möglich. Preislich kann Wasserstoff noch nicht mit Benzin verglichen werden, da die Entwicklung noch nicht ausgereift ist und sich die Kosten der Produktion von einem Kilogramm Wasserstoff auf mehr als acht Euro belaufen. Von den leistungstechnischen Aspekten stellt das Bioethanol bereits jetzt eine echte Alternative gegenüber Benzin dar, wohingegen der Antrieb mit Wasserstoff vor allem in preislichen und lagerungstechnischen Belangen noch nicht konkurrenzfähig ist. Abgesehen vom Anwendungsbereich muss auch in der Herstellung für die Nachhaltigkeit gesorgt werden. Es ist unumstritten, dass Wasserstoff und Bioethanol beim Verbrennen eine akute Verringerung der Treibhausgasemissionen vorweisen, aber in der

Herstellung zeigen sich klar negative Auswirkungen auf das Klima. Dass für das Anpflanzen für Biotreibstoffe Regenwälder gerodet werden, darf, meiner Meinung nach, ebenso wenig sein, wie dass für die Herstellung von Wasserstoff Strom aus fossilen Energiequellen verwendet wird. Als Problem in der Biotreibstoffbranche sehe ich insbesondere die dort vorherrschende Kommerzialisierung, da die Produktion von großen Unternehmen vorangetrieben wird, die lediglich auf Gewinne und nicht auf Nachhaltigkeit fokussiert sind. Der Hauptgrund für die Produktion von Alternativen für Benzin sollte nicht und darf auch nicht die Aussicht auf Gewinne sein. Stattdessen muss der Fokus auf der Nachhaltigkeit liegen.

Abbildung 2.4.1 Umwandlungsverluste in einem Personenwagen:

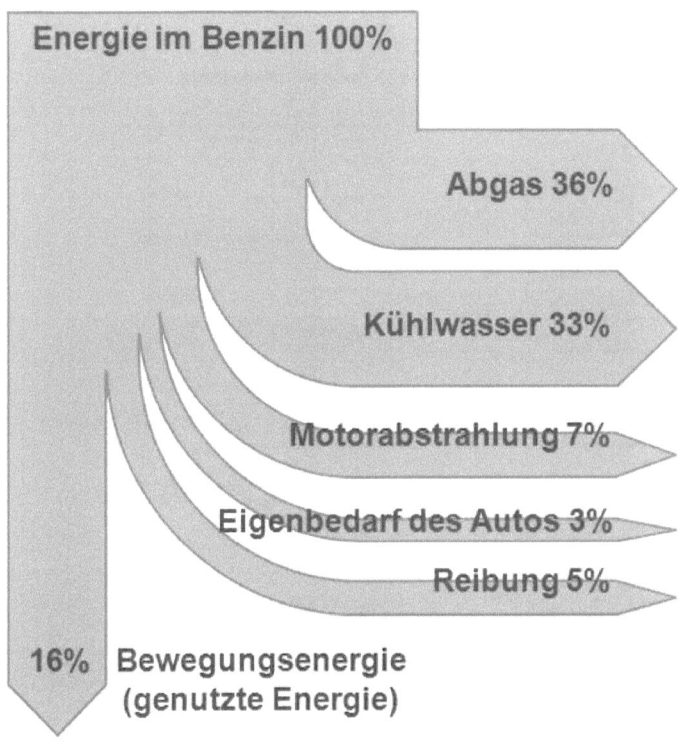

Aus: http://www.greengear.de/notwendigkeit-verbrennungsmotor/

<u>Abbildung 3.1.2.1</u> Haltung der Bevölkerung gegenüber E10:

Man erkennt, dass Zweifel vor allem auf Unwissen aufgrund fehlender Aufklärung über E10 basieren und die Bevölkerung nicht einmal glaubt, dass E10 tatsächlich umweltschonend sei.

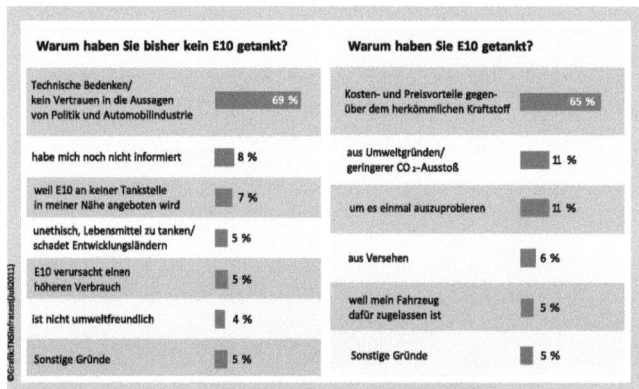

Aus: Keil, Marten: Erfahrungen mit der Markteinführung von E10 in Deutschland.

In: Biotreibstoffe auf dem Prüfstand 8/2012, S. 35.

19

Abbildung 3.1.3.1 Kreislauf der Biokraftstoffe im Vergleich zu fossilen Kraftstoffen:

Man erkennt, dass es sich beim Bioenergiesystem auf der linken Hälfte um einen Kreislauf bezüglich der Kohlenstoffdioxidemissionen handelt, da die Pflanzen den ausgestoßenen Kohlenstoff in der Atmosphäre wieder aufnehmen. Im Gegensatz dazu wird beim fossilen Energiesystem Kohlenstoffdioxid produziert, der in der Atmosphäre verbleibt.

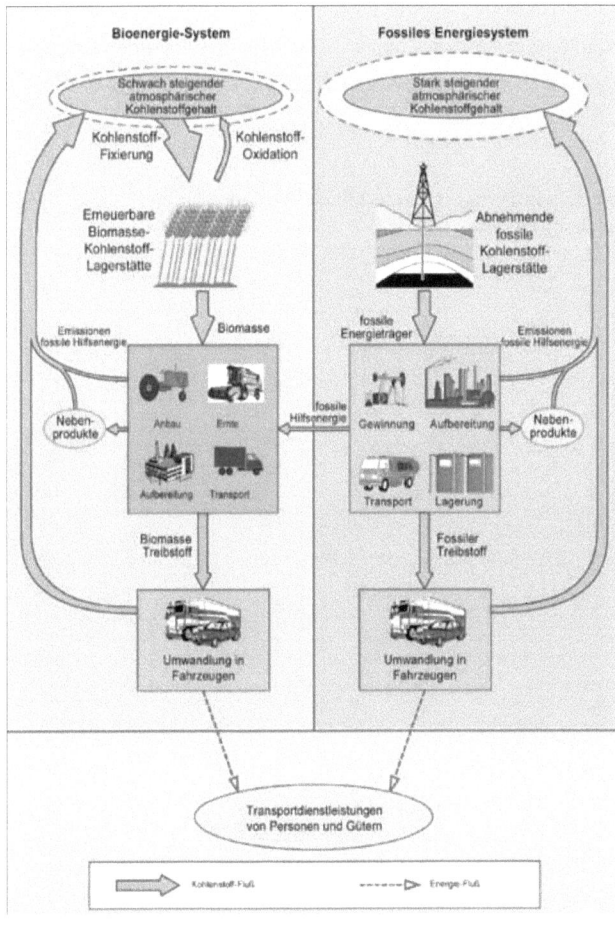

Aus: Jungmeier, Gerfried: Treibhausgas-Emissionen im Lebenszyklus der österreichischen Biotreibstofferzeugung. In: Biotreibstoffe auf dem Prüfstand 8/2012, S.20.

In dieser Karikatur ist eine hellhäutige Person zu sehen, die mit der linken Hand Gemüse oder andere essbare Produkte aus einer Schale in den Tank seines Autos füllt. Mit der rechten Hand hält er einem kleinem, stark ausgehungertem schwarzem Kind einen Löffel hin. Dabei sagt er: „Ein Löffel für dich und den Rest für mein Auto". Diese Karikatur bezieht sich, wie ich in Kapitel 3.1.3 erläutere auf die Konkurrenz der Biokraftstoffe der ersten Generation mit Nahrungsmitteln. Unter der Verwendung von essbarer Biomasse für Biokraftstoffe leiden zahlreiche hungernde, vor allem afrikanische, Menschen.

7 Literaturverzeichnis

Smith, James:	Biotreibstoff. Eine Idee wird zum Bumerang, Berlin: Verlag Klaus Wagenbach, 2012.
Geitmann, Sven:	Alternative Kraftstoffe. Womit fahre ich am besten?, Oberkrämer: Hydrogeit Verlag, 2008.
Keil, Marten:	Erfahrungen mit der Markteinführung von E10 in Deutschland. In: Biotreibstoffe auf dem Prüfstand 8/2012, S. 32 – 36.
Jungmeier, Gerfried:	Treibhausgas-Emissionen im Lebenszyklus der österreichischen Biotreibstofferzeugung. In: Biotreibstoffe auf dem Prüfstand 8/2012, S. 19 – 22.
Besenböck, Andreas:	Biotreibstoffe: Zukunftschance oder globales Krisenpotential, Wien, 2008.
Hoffmann, Volker U.:	Wasserstoff – Energie mit Zukunft, Leipzig: B. G. Teubner Verlagsgesellschaft, 1994.
Chemie heute SII:	Brennstoffzellen. 6. Auflage. Asselborn, Jäckel, Risch (Hrsg.), Braunschweig: Schroedel Verlag, 2012

8 Internetquellen

Bundesverband der dt. Bioethanolwirtschaft:	Bioethanolherstellung. URL: http://www.bdbe.de/bioethanol/herstellung_biosprit_agrosprit/ - Download vom 16.02.2014.
Dr. Paschotta, Rüdiger:	Das RP-Energielexikon. URL: http://www.energie-lexikon.info/klopffestigkeit.html - Download vom 20.02.2014.
Weißenborn, Stefan:	Wasserstoffautos. Die Dampfmaschinen. URL: http://www.manager-magazin.de/lifestyle/auto/a-878936.html - Download vom 24.02.2014.

Messerer, Sven

Rössler, Jan: Brennstoffzellentechnik. Herstellung von Wasserstoff. URL: http://schmidt-walter.eit.h-da.de/WBZ/herstellung_h2.pdf - Download vom 27.02.2014.

Shell: Wie eine Raffinerie funktioniert. URL: http://s03.static-shell.com/content/dam/shell-new/local/country/deu/downloads/pdf/manufacturing-howrefineryworks.pdf - Download vom 08.03.2014.

Statista: Durchschnittlicher Preis für Superbenzin in Deutschland in den Jahren 1972 bis 2014 (Cent pro Liter). URL: http://de.statista.com/statistik/daten/studie/776/umfrage/durchschnittspreis-fuer-superbenzin-seit-dem-jahr-1972/ - Download vom 08.03.2014.

Die Werte für meine Berechnungen beziehe ich aus der Formelsammlung vom DUDEN PAETEC SCHULBUCHVERLAG (1. Auflage)